北飛騨の森

天生へのいざない

目次

天生の森を彩る花たち：凡例

花の和名（漢字名）
〈　分　類　〉
｛　別　名　｝
【 開 花 時 期 】

天生の森

天生(あもう)県立自然公園は１９９８（平成10）年4月1日県内で１４番目の県立自然公園として指定され、面積は、1,６３８ｈａ（特別地域1,０１５ｈａ、普通地域６２３ｈａ）の広さがあります。また、飛騨市河合町と大野郡白川村にまたがり、庄川水系白川と神通川水系小鳥川の最上流部にあり、標高７１５m～1,８７５mに位置し、天生峠周辺の稜線を中心として広がっており、高層湿原、ブナ・オオシラビソ・ダケカンバなどの原生林、数多くの高山植物など貴重な自然景観を見ることができる山岳公園です。

天生県立自然公園内の天生湿原は、１９６７（昭和４２）年11月13日「天生の高層湿原植物群落」として岐阜県の天然記念物に指定されましたが、１９８３（昭和５８）年ごろ湿原でのヒメシャクナゲの盗掘をきっかけに河合村教育委員会の職員や委託した地域住民により、毎日パトロールを実施してきました。その後、天生県立自然公園の指定と同時に天生県立自然公園協議会が発足し、現在ではパトロール面積や入込客数が大幅に増えたことにより、協議会から委託され毎日２人体制で公園内のパトロールと環境保全の維持と共に入山者が安全で安心して自然を楽しんでもらえるよう取り組んでいます。

また、協議会では２０００（平成12）年より公認ガイド制度を導入し、一般を対象にガイドツアーを実施してきました。その背景には、地域の自然（地域の宝）はその地域に暮らす者が守ることが大切であり、自分たちが故郷の魅力を再認識し、誇りを持ち、天生の自然の素晴らしさ、自然との営み、自然との触れ合い方やこの地方の文化などを伝え、意義を共感してもらうことが重要と考えたからです。

入山者は、多い時で1日６００人を超え、1シーズンでは1万人を超えていました。近年は国道３６０号の冬期間の多積雪によるものや豪雨災害により長期間の通行止めが影響し、以前のような入山者数はありません。この公園はほとんど国有林のため、「レクリエーションの森」と位置づけされていますが、今後の展開としてはこれまでの「量的充足」を重視する取り組みから利用者ニーズに即して「質的向上」を重視する取り組みへと方向転換することが、必要かと考えています。

これからも天生の素晴らしさを通じて、自然の素晴らしさや脆さ、守っていくことの大変さ、大切さをいつまでも残せることと伝えることができればと、私が見かけた花を中心にすべてではありませんが、天生の自然を本にしました。

令和４年8月吉日

中　吉　正　治

天生の森の四季のよそおい

〈天生湿原〉

〈カラ谷〉

〈ミズバショウ群生地〉

〈桂　門〉

〈木平湿原〉

〈籾糠山〉

登山道途中から山頂を望む

春：山頂より猿ヶ馬場山を望む

冬：山頂より猿ヶ馬場山を望む

〈雲　海〉

天生の森を彩る花たち

アカバナ（赤花）
〈アカバナ科アカバナ属の多年草〉
【8月上旬】

アカミノイヌツゲ（赤実の犬黄楊）
〈モチノキ科モチノキ属の常緑低木〉
｛別名　ミヤマクロソヨゴ｝

アカモノ（赤物）
〈ツツジ科シラタマノキ属の常緑小低木〉
｛別名　イワハゼ（岩黄櫨）｝
【6月中旬】

アキノキリンソウ（秋の麒麟草）
〈キク科アキノキリンソウ属の多年草〉
{別名　アワダチソウ（泡立草）}
【8月下旬】

アキノギンリョウソウ（秋銀竜草）
〈ツツジ科シャクジョウソウ属の多年草〉
{別名　ギンリョウソウモドキ}
【9月中旬】

アケボノシュスラン（曙繻子蘭）
〈ラン科シュスラン属の多年草〉
【8月中旬】

アケボノソウ（曙草）
〈リンドウ科センブリ属の多年草〉
【9月下旬】

アズキナシ（小豆梨）
〈バラ科アズキナシ属の落葉高木〉
｛別名　ハカリノメ（秤目）｝
【6月中旬】

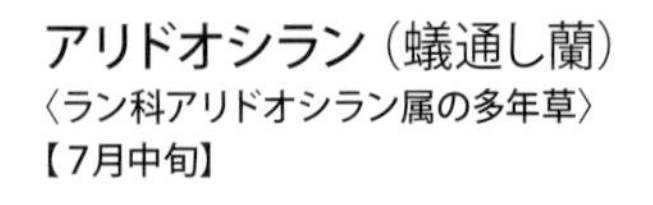

アリドオシラン（蟻通し蘭）
〈ラン科アリドオシラン属の多年草〉
【7月中旬】

イワガラミ（岩絡み）
〈アジサイ科イワガラミ属の落葉つる性木本〉
【7月下旬】

イワショウブ（岩菖蒲）
〈チシマゼキショウ科イワショウブ属の多年草〉
｛別名　ムシトリゼキショウ（虫取石菖）｝
【8月中旬】

イワナシ（岩梨）
〈ツツジ科イワナシ属の常緑小低木〉
【5月下旬】

ウツボグサ（靫草）
〈シソ科ウツボグサ属の多年草〉
｛別名　カゴソウ（夏枯草）｝
【7月下旬】

ウド（独活）
〈ウコギ科タラノキ属の多年草〉

ウメバチソウ（梅鉢草）
〈ニシキギ科ウメバチソウ属の多年草〉
{別名　バイカソウ（梅花草）}
【8月下旬】

ウラジロヨウラク（裏白瓔珞）
〈ツツジ科ヨウラクツツジ属の落葉低木〉
【6月下旬】

ウワミズザクラ（上溝桜）
〈バラ科ウワミズザクラ属の落葉高木〉
【6月上旬】

エゾアジサイ（蝦夷紫陽花）
〈アジサイ科アジサイ属の落葉低木〉
【7月下旬】

エゾシロネ（蝦夷白根）
〈シソ科シロネ属の多年草〉
【8月中旬】

エゾノヨツバムグラ（蝦夷の四葉葎）
〈アカネ科ヤエムグラ属の多年草〉
【8月上旬】

エゾユズリハ（蝦夷譲葉）
〈ユズリハ科ユズリハ属の常緑低木〉

エゾリンドウ（蝦夷竜胆）
〈リンドウ科リンドウ属の多年草〉
【9月上旬】

エンレイソウ（延齢草）
〈シュロソウ科エンレイソウ属の多年草〉
｛別名　タチアオイ（立葵）｝
【6月上旬】

オオウバユリ（大姥百合）
〈ユリ科ウバユリ属の多年草〉
【8月上旬】

オオカニコウモリ（大蟹蝙蝠）
〈キク科コウモリソウ属の多年草〉
【8月下旬】

オオカメノキ（大亀の木）
〈レンプクソウ科ガマズミ属の落葉低木〉
{別名　ムシカリ（虫狩）}
【7月上旬】

オオバキスミレ（大葉黄菫）
〈スミレ科スミレ属の多年草〉
【5月下旬】

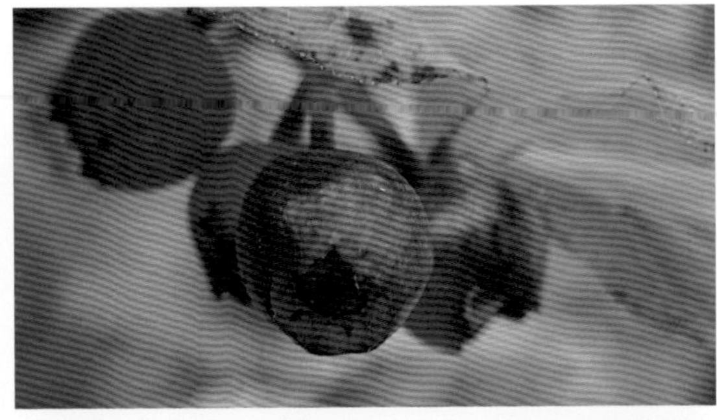

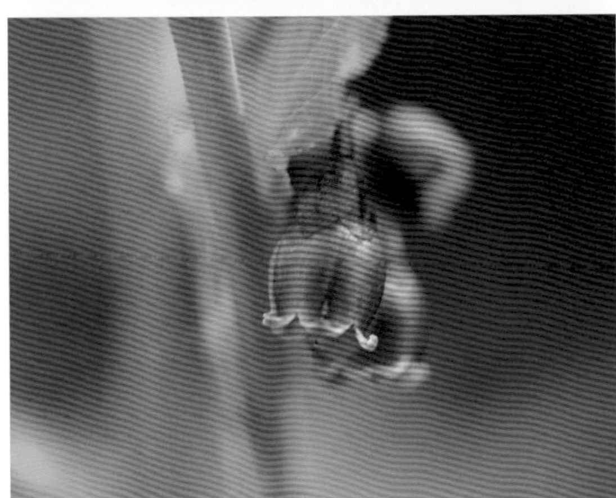

オオバスノキ（大葉酢の木）
〈ツツジ科スノキ属の落葉低木〉
【6月下旬】

オオハナウド（大花独活）
〈セリ科ハナウド属の多年草〉
｛別名　ウラゲハナウド（裏毛花独活）｝
【8月上旬】

オオバミゾホオズキ（大葉溝酸漿）
〈ハエドクソウ科ミゾホオズキ属の多年草〉
【6月中旬】

オオヤマサギソウ（大山鷺草）
〈ラン科ツレサギソウ属の多年草〉
【8月上旬】

オククルマムグラ（奥車葎）
〈アカネ科ヤエムグラ属の多年草〉
【6月下旬】

オタカラコウ（雄宝香）
〈キク科メタカラコウ属の多年草〉
【8月下旬】

オトギリソウ（弟切草）
〈オトギリソウ科オトギリソウ属の多年草〉
【7月中旬】

オニシモツケ（鬼下野）
〈バラ科シモツケソウ属の多年草〉
【7月中旬】

オニノヤガラ（鬼の矢柄）
〈ラン科オニノヤガラ属の多年草〉
【7月中旬】

オヤマリンドウ（御山竜胆）
〈リンドウ科リンドウ属の多年草〉
【9月上旬】

カニコウモリ（蟹蝙蝠）
〈キク科コウモリソウ属の多年草〉
【8月上旬】

カノツメソウ（鹿の爪草）
〈セリ科カノツメソウ属の多年草〉
{別名　ダケゼリ（岳芹）}
【8月上旬】

カミコウチテンナンショウ（上高地天南星）
〈サトイモ科テンナンショウ属の多年草〉
【6月上旬】

キクザキイチゲ（菊咲一華）
〈キンポウゲ科イチリンソウ属の多年草〉
｛別名　キクザキイチリンソウ（菊咲一輪草）｝
【6月上旬】

キソチドリ（木曽千鳥）
〈ラン科ツレサギソウ属の多年草〉
【7月上旬】

キツリフネ（黄釣船）
〈ツリフネソウ科ツリフネソウ属の一年草〉
【8月上旬】

キヌガサソウ（衣笠草）
〈シュロソウ科キヌガサソウ属の多年草〉
【6月中旬】

キンミズヒキ（金水引）
〈バラ科キンミズヒキ属の多年草〉
【9月中旬】

ギンリョウソウ（銀竜草）
〈ツツジ科ギンリョウソウ属の多年草〉
｛別名　ユウレイタケ（幽霊茸）｝
【7月上旬】

クガイソウ（九階草・九蓋草）
〈オオバコ科クガイソウ属の多年草〉
【7月中旬】

クサボタン（草牡丹）
〈キンポウゲ科センニンソウ属の多年草〉
【8月中旬】

クモキリソウ（蜘蛛切草）
〈ラン科クモキリソウ属の多年草〉
【6月下旬】

クルマバツクバネソウ（車葉衝羽根草）
〈シュロソウ科ツクバネソウ属の多年草〉
【6月下旬】

クロクモソウ（黒雲草）
〈ユキノシタ科チシマイワブキ属の多年草〉
{別名　キクブキ（菊蕗）・イワブキ（岩蕗）}
【8月下旬】

クロモジ（黒文字）
〈クスノキ科クロモジ属の落葉低木〉
【6月上旬】

コイチヨウラン（小一葉蘭）
〈ラン科コイチヨウラン属の多年草〉
【8月中旬】

コウモリソウ（蝙蝠草）
〈キク科コウモリソウ属の多年草〉
【8月中旬】

コキンバイ（小金梅）

〈バラ科ダイコンソウ属の多年草〉
{別名　エゾキンバイ（蝦夷金梅）}
【5月下旬】

コケイラン（小蕙蘭）
〈ラン科コケイラン属の多年草〉
｛別名　ササエビネ（笹海老根）｝
【6月下旬】

ゴゼンタチバナ（御前橘）

〈ミズキ科ミズキ属ゴゼンタチバナ亜属の多年草〉

【6月中旬】

コチャルメルソウ（小哨吶草）
〈ユキノシタ科チャルメルソウ属の多年草〉
【6月下旬】

コナスビ（小茄子）
〈サクラソウ科オカトラノオ属の多年草〉
【6月下旬】

コバイケイソウ（小梅蕙草）
〈ユリ科シュロソウ属の多年草〉
【6月下旬】

コバノギボウシ（小葉の擬宝珠）
〈ユリ科ギボウシ属の多年草〉
【7月中旬】

コバノトンボソウ（小葉の蜻蛉草）
〈ラン科ツレサギソウ属の多年草〉
【7月下旬】

ゴマナ（胡麻菜）
〈キク科シオン属の多年草〉
【9月中旬】

コヨウラクツツジ（小瓔珞躑躅）
〈ツツジ科ヨウラクツツジ属の落葉低木〉
【6月上旬】

サイハイラン（采配蘭）
〈ラン科サイハイラン属の多年草〉
【6月中旬】

サギスゲ（鷺菅）
〈カヤツリグサ科ワタスゲ属の多年草〉
【6月下旬】

ササユリ（笹百合）
〈ユリ科ユリ属の球根植物で多年草〉
【7月中旬】

ザゼンソウ（座禅草）
〈サトイモ科ザゼンソウ属の多年草〉
【6月上旬】

サラサドウダン（更紗満天星・更紗灯台）
〈ツツジ科ドウダンツツジ属の落葉低木〉
｛別名　フウリンツツジ（風鈴躑躅）｝
【6月下旬】

サラシナショウマ（晒菜升麻）
〈キンポウゲ科サラシナショウマ属の多年草〉
【8月上旬】

サワフタギ（沢蓋木）
〈ハイノキ科ハイノキ属の落葉低木〉
｛別名　ルリミノウシコロシ（瑠璃実の牛殺し）・ニシゴリ（錦織）｝
【7月上旬】

サワラン（沢蘭）
〈ラン科サワラン属の多年草〉
｛別名　アサヒラン（朝日蘭）｝
【7月上旬】

サンカヨウ（山荷葉）
〈メギ科サンカヨウ属の多年草〉
【6月上旬】

シオデ（牛尾菜）
〈サルトリイバラ科シオデ属の多年草〉
【6月下旬】

シシウド（獅子独活）
〈セリ科シシウド属の多年草〉
【8月下旬】

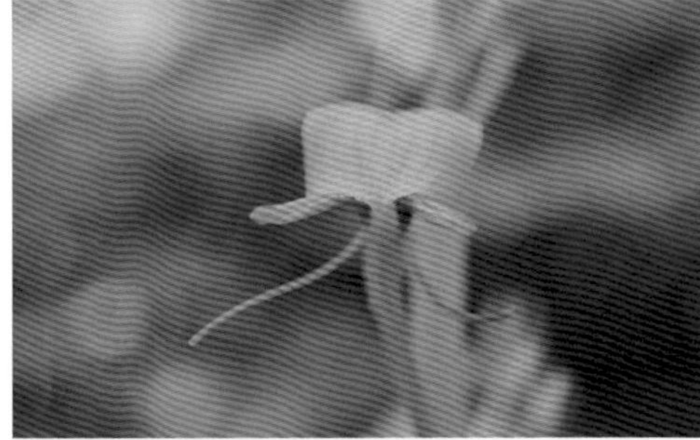

シテンクモキリ（紫点雲切）
〈ラン科クモキリソウ属の多年草〉
【6月下旬】

ショウキラン（鍾馗蘭）
〈ラン科ショウキラン属の多年草〉
【7月上旬】

ショウジョウバカマ（猩々袴）
〈メランチウム科ショウジョウバカマ属の多年草〉
【6月上旬】

シラネセンキュウ（白根川芎）
〈セリ科シシウド属の多年草〉
【9月上旬】

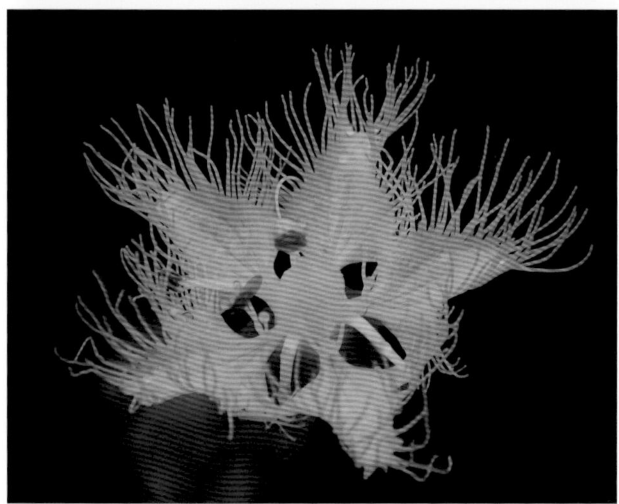

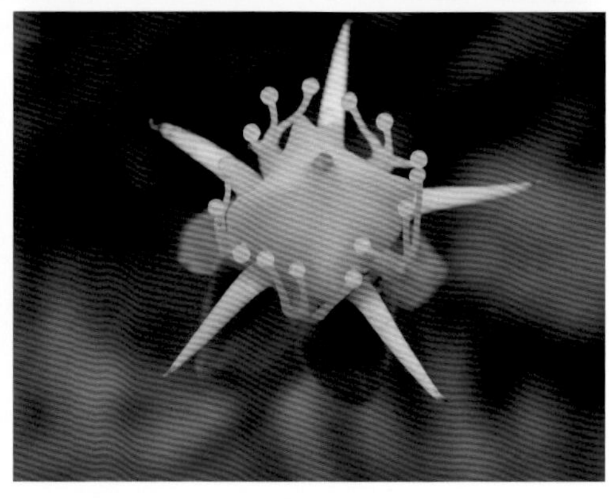

シラヒゲソウ（白髭草）
〈ウメバチソウ科ウメバチソウ属の多年草〉
【8月下旬】

ズダヤクシュ（喘息薬種）
〈ユキノシタ科ズダヤクシュ属の多年草〉
【6月中旬】

ソバナ（岨菜）
〈キキョウ科ツリガネニンジン属の多年草〉
【8月上旬】

タケシマラン（竹縞蘭）
〈ユリ科タケシマラン属の多年草〉
【6月上旬】

タチツボスミレ（立坪菫）
〈スミレ科スミレ属の多年草〉
【6月上旬】

タテヤマリンドウ（立山竜胆）
〈リンドウ科リンドウ属の越年草〉
【6月下旬】

タニウツギ（谷空木）
〈スイカズラ科タニウツギ属の落葉低木〉
【6月中旬】

タニギキョウ（谷桔梗）
〈キキョウ科タニギキョウ属の多年草〉
【7月上旬】

タマガワホトトギス（玉川杜鵑草）
〈ユリ科ホトトギス属の多年草〉
【7月下旬】

タムシバ（田虫葉）
〈モクレン科モクレン属の落葉小高木〉
｛別名　ニオイコブシ（匂辛夷）｝
【6月上旬】

チゴユリ（稚児百合）
〈イヌサフラン科チゴユリ属の多年草〉
【6月上旬】

ツクバネソウ（衝羽根草）
〈シュロソウ科ツクバネソウ属の多年草〉
【8月上旬】

ツバメオモト（燕万年青）
〈ユリ科ツバメオモト属の多年草〉
【6月上旬】

ツマトリソウ（褄取草）
〈サクラソウ科ツマトリソウ属の多年草〉
【6月下旬】

ツリシュスラン（釣繻子蘭）
〈ラン科シュスラン属の常緑多年草〉
【8月上旬】

ツリフネソウ（釣船草）
〈ツリフネソウ科ツリフネソウ属の一年草〉
{別名　ムラサキツリフネ（紫釣船）}
【8月中旬】

ツルアジサイ（蔓紫陽花）
〈アジサイ科アジサイ属の落葉つる性木本〉
{別名　ゴトウヅル（後藤蔓）}
【7月上旬】

ツルアリドオシ（蔓蟻通し）
〈アカネ科ツルアリドオシ属の地面を這う常緑つる性の多年草〉
【7月上旬】

ツルニンジン（蔓人参）

〈キキョウ科ツルニンジン属のつる性の多年草〉

【8月下旬】

ツルリンドウ（蔓竜胆）
〈リンドウ科ツルリンドウ属のつる性の多年草〉
【8月中旬】

テングノコヅチ（天狗の小槌）
〈リンドウ科ツルリンドウ属のつる性の多年草〉
【8月中旬】

テンニンソウ（天人草）
〈シソ科テンニンソウ属の多年草〉
【8月下旬】

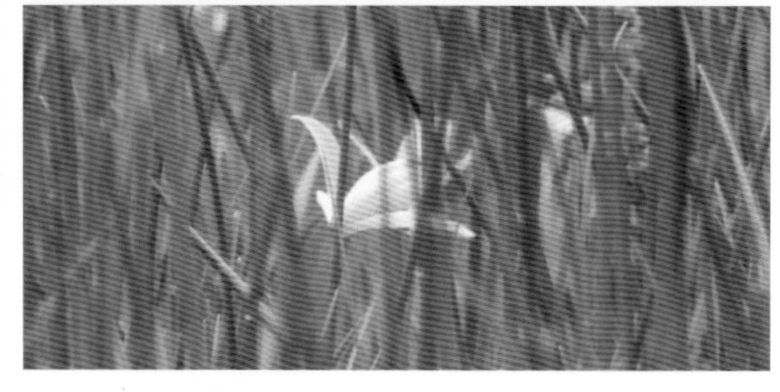

トキソウ（朱鷺草）
〈ラン科トキソウ属の多年草〉
【7月上旬】

トチバニンジン（栃葉人参）
〈ウコギ科トチバニンジン属の多年草〉
【7月中旬】

トリアシショウマ（鳥足升麻）
〈ユキノシタ科チダケサシ属の多年草〉
【7月中旬】

ナナカマド（七竈）
〈バラ科ナナカマド属の落葉高木〉
【7月中旬】

ナルコユリ（鳴子百合）
〈キジカクシ科アマドコロ属の多年草〉
【7月上旬】

ニッコウキスゲ（日光黄菅）
〈ユリ科ワスレグサ属の多年草〉
{別名　ゼンテイカ（禅庭花）}
【7月下旬】

ニョイスミレ（如意菫）
〈スミレ科スミレ属の多年草〉
｛別名　ツボスミレ（坪菫）｝
【6月上旬】

ニリンソウ（二輪草）
〈キンポウゲ科イチリンソウ属の多年草〉
【6月中旬】

ニワトコ（庭常）
〈レンプクソウ科ニワトコ属の落葉低木〉
｛別名　セッコツボク（接骨木）｝
【6月下旬】

ノウゴウイチゴ（能郷苺）
〈バラ科オランダイチゴ属の多年草〉
【6月上旬】

ノビネチドリ（延根千鳥）
〈ラン科ノビネチドリ属の多年草〉
【6月中旬】

ノブキ（野蕗）
〈キク科ノブキ属の多年草〉
【9月上旬】

ノリウツギ（糊空木）
〈アジサイ科アジサイ属の落葉低木〉
【7月下旬】

ノリクラアザミ（乗鞍薊）
〈キク科アザミ属の多年草〉
【7月下旬】

バイケイソウ（梅蕙草）
〈ユリ科シュロソウ属の多年草〉
【7月中旬】

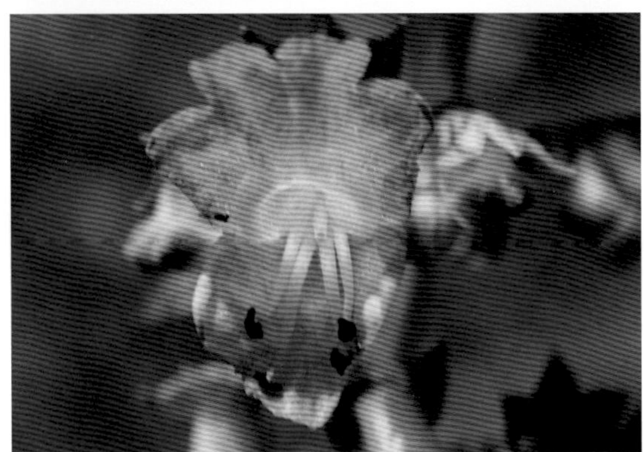
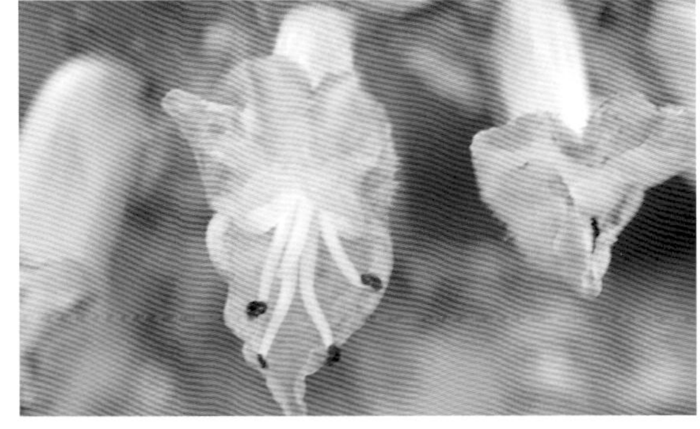

ハクサンカメバヒキオコシ（白山亀葉引き起こし）
〈シソ科ヤマハッカ属の多年草〉
【8月下旬】

ハクサンシャクナゲ（白山石楠花）
〈ツツジ科ツツジ属の常緑低木〉
【7月下旬】

ハクサンシャジン（白山沙参）
〈キキョウ科ツリガネニンジン属の多年草〉
{別名　タカネツリガネニンジン（高嶺釣鐘人参）}
【8月下旬】

ハクサンチドリ（白山千鳥）
〈ラン科ハクサンチドリ属の多年草〉
【6月下旬】

ハリブキ（針蕗）
〈ウコギ科ハリブキ属の落葉低木〉

ヒダキセルアザミ（飛騨煙管薊）
〈キク科アザミ属の多年草〉
【8月中旬】

ヒメイチゲ（姫一華）
〈キンポウゲ科イチリンソウ属の多年草〉
【6月上旬】

ヒメカンアオイ（姫寒葵）
〈ウマノスズクサ科カンアオイ属の多年草〉
【6月上旬】

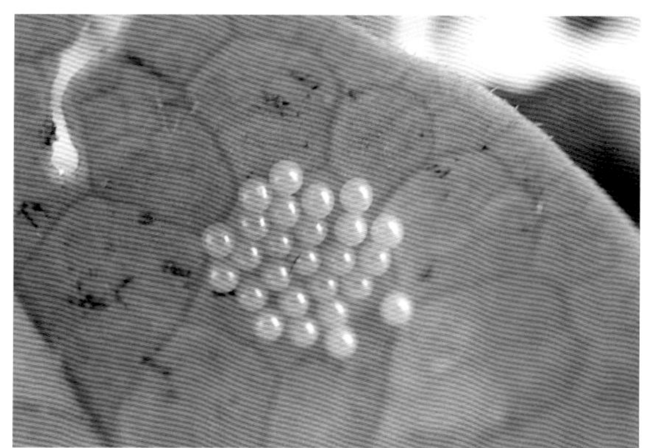

葉裏にギフチョウの卵と幼虫が隠れていることがある

ヒメシャクナゲ（姫石楠花）
〈ツツジ科ヒメシャクナゲ属の常緑小低木〉
｛別名　ニッコウシャクナゲ（日光石楠花）｝
【6月中旬】

ヒメヘビイチゴ（姫蛇苺）
〈バラ科キジムシロ属の多年草〉
【7月上旬】

ヒメミヤマウズラ（姫深山鶉）
〈ラン科シュスラン属の多年草〉
【8月中旬】

ヒルムシロ（蛭筵）
〈単子葉類ヒルムシロ科ヒルムシロ属の水草〉
【8月中旬】

ミツガシワと共生

ヒロハユキザサ（広葉雪笹）
〈キジカクシ科マイヅルソウ属の多年草〉
｛別名　ミドリユキザサ（緑雪笹）｝
【7月中旬】

フガクスズムシソウ（富岳鈴虫草）
〈ラン科クモキリソウ属の多年草〉
【7月上旬】

シロバナフジアザミ

フジアザミ（富士薊）
〈キク科アザミ属の多年草〉
【9月上旬】

ベニバナイチヤクソウ（紅花一薬草）
〈ツツジ科イチヤクソウ属の常緑多年草〉
【6月下旬】

ホウチャクソウ（宝鐸草）
〈イヌサフラン科チゴユリ属の多年草〉
【6月下旬】

ホソバノツルリンドウ（細葉の蔓竜胆）
〈リンドウ科ホソバノツルリンドウ属のつる性の多年草〉
【10月上旬】

ホソバノヤマハハコ（細葉の山母子）
〈キク科ヤマハハコ属の多年草〉
【8月中旬】

ホツツジ（穂躑躅）
〈ツツジ科ホツツジ属の落葉低木〉
【8月上旬】

ホロムイソウ（幌向草）
〈ホロムイソウ科ホロムイソウ属の多年草〉
【6月下旬】

マイサギソウ（舞鷺草）
〈ラン科ツレサギソウ属の多年草〉
【7月中旬】

マイヅルソウ（舞鶴草）
〈スズラン亜科マイヅルソウ属の多年草〉
【6月中旬】

マルバダケブキ（丸葉岳蕗）
〈キク科メタカラコウ属の多年草〉
【8月上旬】

ミズバショウ（水芭蕉）
〈サトイモ科ミズバショウ属の多年草〉
【5月下旬】

ミゾソバ（溝蕎麦）
〈タデ科タデ属の一年草〉
【8月下旬】

ミツガシワ（三槲）
〈ミツガシワ科ミツガシワ属の一属一種の多年草〉
【6月上旬】

ミツバオウレン（三葉黄蓮）
〈キンポウゲ科オウレン属の多年草〉
{別名　カタバミオウレン（片喰黄蓮）}
【6月上旬】

ミツバノバイカオウレン（三葉の梅花黄蓮）
〈キンポウゲ科オウレン属の多年草〉
{別名　コシジオウレン（越路黄蓮）}
【5月下旬】

ミドリニリンソウ（緑二輪草）
〈キンポウゲ科イチリンソウ属の多年草〉
【6月上旬】

ミヤマカタバミ（深山片喰）
〈カタバミ科カタバミ属の多年草〉
{別名　ヤマカタバミ（山片喰）・エイザンカタバミ（叡山片喰）}
【6月上旬】

ミヤマカラマツ（深山落葉松）
〈キンポウゲ科カラマツソウ属の多年草〉
【7月上旬】

ミヤマシキミ（深山樒）
〈ミカン科ミヤマシキミ属の常緑低木〉
【7月上旬】

ミヤマスミレ（深山菫）
〈スミレ科スミレ属の多年草〉
【6月中旬】

ミヤマタムラソウ（深山田村草）
〈シソ科アキギリ属の多年草〉
【6月下旬】

ミヤマトウバナ（深山塔花）
〈シソ科トウバナ属の多年草〉
【8月上旬】

ミヤマニガウリ（深山苦瓜）
〈ウリ科ミヤマニガウリ属のつる性の一年草〉
【8月下旬】

ムラサキヤシオツツジ（紫八汐躑躅）
〈ツツジ科ツツジ属の落葉低木〉
｛別名　ミヤマツツジ（深山躑躅）・ムラサキヤシオ（紫八汐）｝
【6月上旬】

モウセンゴケ（毛氈苔）
〈モウセンゴケ科モウセンゴケ属の多年草〉
【7月中旬】

モミジカラマツ（紅葉唐松）
〈キンポウゲ科モミジカラマツ属の多年草〉
【7月上旬】

ヤグルマソウ（矢車草）
〈ユキノシタ科ヤグルマソウ属の多年草〉
【6月中旬】

ヤシャビシャク（夜叉柄杓）
〈ユキノシタ科スグリ属の落葉低木〉

ヤブジラミ（藪虱）
〈セリ科ヤブジラミ属の越年草〉
【8月上旬】

ヤブデマリ（藪手毬）
〈レンプクソウ科ガマズミ属の落葉低木〉
【7月上旬】

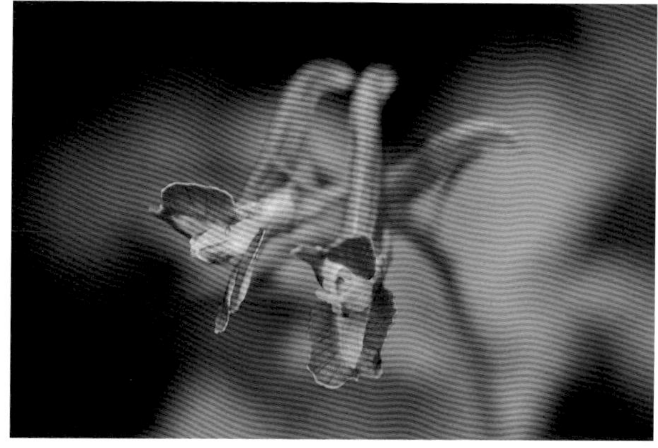

ヤマエンゴサク（山延胡索）
〈ケシ科キケマン属の多年草〉
【6月上旬】

ヤマキツネノボタン（山狐の牡丹）
〈キンポウゲ科キンポウゲ属の多年草〉
【8月上旬】

ヤマクワガタ（山鍬形）
〈オオバコ科クワガタソウ属の多年草〉
【6月下旬】

ヤマトユキザサ（大和雪笹）
〈キジカクシ科マイヅルソウ属の多年草〉
｛別名　オオバユキザサ（大葉雪笹）｝
【6月下旬】

ヤマトリカブト（山鳥兜）
〈キンポウゲ科トリカブト属の多年草〉
【8月下旬】

ヤマブキショウマ（山吹升麻）
〈バラ科ヤマブキショウマ属の多年草〉
【8月上旬】

ヤマボウシ（山帽子）
〈ミズキ科ミズキ属ヤマボウシ亜属の落葉高木〉
【6月下旬】

ヤマホタルブクロ（山蛍袋）
〈キキョウ科ホタルブクロ属の多年草〉
【7月上旬】

ユキザサ（雪笹）
〈キジカクシ科マイヅルソウ属の多年草〉
【6月下旬】

ヨツバヒヨドリ（四葉鵯）
〈キク科ヒヨドリバナ属の多年草〉
【7月中旬】

ラショウモンカズラ（羅生門葛）
〈シソ科ラショウモンカズラ属の多年草〉
【6月下旬】

リュウキンカ（立金花）
〈キンポウゲ科リュウキンカ属の多年草〉
【6月上旬】

リョウブ（令法）
〈リョウブ科リョウブ属の落葉小高木〉
【8月下旬】

ルイヨウボタン（類葉牡丹）
〈メギ科ルイヨウボタン属の多年草〉
【6月上旬】

ワタスゲ（綿菅）
〈カヤツリグサ科ワタスゲ属の多年草〉
{別名　スズメノケヤリ（雀の毛槍）}
【7月中旬】

ワレモコウ（吾亦紅）
〈バラ科ワレモコウ属の多年草〉
【7月下旬】

天生の森の仲間たち

歩道沿いで見つけた昆虫ときのこなど

〈アサギマダラ〉

〈ヤマナメクジ〉

ナメクジ食事中

〈クロイワマイマイ〉

〈コクワガタ〉

〈エゾハルゼミ〉
オス

〈エゾハルゼミ〉
メス

〈モリアオガエルの卵〉

〈タマゴタケ〉

〈ツキヨタケ〉

〈ルリハツタケ〉 〈ベニテングタケ〉

〈フクロツルタケ〉 〈ミヤマタマゴタケ〉

〈ドクツルタケ〉 〈ハナイグチ〉

止利仏師伝説

匠屋敷（田形）の伝説

昔、河合の月ヶ瀬集落に九郎兵衛という百姓がおり、この九郎兵衛には醜い顔のしのぶという名の娘がいました。

ある夜、このしのぶが家の前を流れる小鳥川のふちに映った月影を手ですくい上げて呑みました。するとしのぶはその時から身重になり、やがて月満ちて三之瀬という処で男児を出産しました。この子は親に似た醜男で鳥のような顔をしていたので、人々は「とり（鳥）」と呼びました。

やがてしのぶは成長した鳥を連れてこの地（田形）に移り住みました。鳥は非常に技芸に優れており、作った木彫りの人形は人間のように働いたので、その人形を使って此処に一日で田を作り、稲を植えました。稲は一夜の中に実り、夜が明けると穂が垂れていました。この収穫した米を脱穀している時に風で飛ばされた籾糠が積もり、籾糠山になったと言われています。

鳥はその後、都に呼ばれて皇居や神社・仏閣の建築に携わり、立派な匠になって「止利仏師」と呼ばれました。

後世になって村人たちは鳥を顕彰するため、祠を建てその霊をなぐさめ、鳥の偉業を讃えました。

天生の森と人とのかかわり

匠神社の建立（匠屋敷）

〈匠神社〉

昭和８～９年頃、止利仏師の伝説を継承するため、飛騨の匠の神社を建てようと善教寺（月ヶ瀬のお寺）の山越晋さん（和尚さん）、奥竹之助さん（旧保地区在住）、鈴木兼太郎さん（中沢上在住で当時保尋常高等小学校の教師）が発起人となって月ヶ瀬地区の住民に呼びかけ、大工だった上野安太郎さんが栗の木を材料として神社を組み立てました。この神社は3月の「かってこ（昼に積雪の表面が溶けて、それが夜の気温低下により凍って人が歩けるようになる状態）」の早朝に一旦バラバラにして、月ヶ瀬地区の住民がそれぞれ背負って栗ケ谷経由で天生湿原まで行き立派な総栗の神社を建立しました。

天生湿原の匠神社は大工の神様を祀ってあるということで、角川に住み大工をしていた政井寅之助さんは２０数年この神社へ通い続けました。しかし、年数が経つにつれ積雪が多いこと、風雨にさらされていることなどにより老朽化が著しく、昭和５６年、自分で建て直そうと決意し、制作に取り掛かりました。このことを知った当時元田社会学級委員長だった松田茂孝さんは、ぜひとも地域でも協力したいと考え、元田校下へ協力要請をしました。

新しい匠神社は、昭和５８年に完成し、その年の１０月２日元田校下の全戸から出役した５０人の人たちによりバラした社殿や基礎となる材料（玉石、セメント、砂、砂利など）を急な山道を7回も８回も背負って湿原まで運搬し、重労働ではありましたが一日にして立派な総ケヤキ造りの匠神社を完成させました。

こうやって何十年も地域の人々によって匠神社と天生の自然は守られてきました。毎年、１０月の第二日曜日には匠神社で匠祭が開催されています。

平成２７年頃までは、匠祭で巫女舞や獅子舞も行われてきましたが、近年は過疎化や少子高齢化により神事だけの開催となっています。

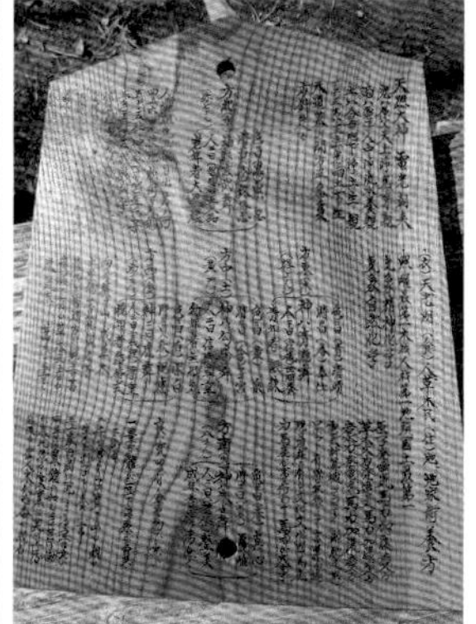

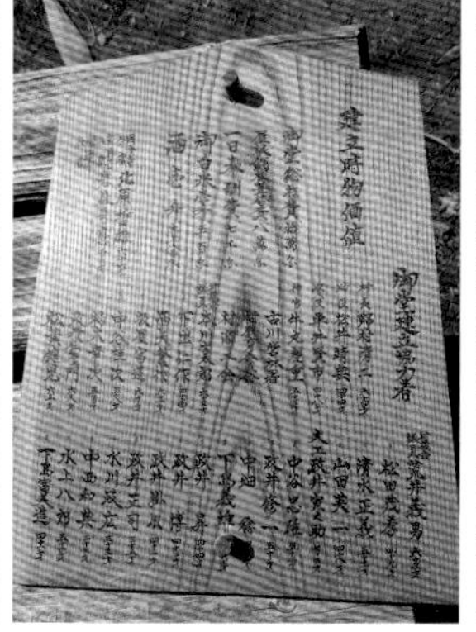

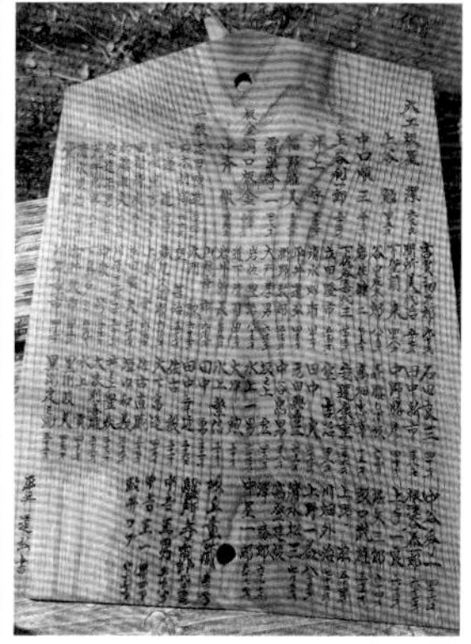

匠　祭

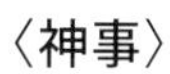

〈神事〉

〈巫女舞〉

〈獅子舞〉

国道３６０号の開通
（天生峠道路）

（碑文）

思ひきや天生の嶺のほととぎす雲ふみ茶摘み声聞かんとは礼彦
　閑古鳥迷ふ路さへなかりけり　　　　　　　　　　　　　其汀

飛騨人が歌に句に詠じた往時の険峻ここ天生峠は標高一二九〇米の山頂にあって西飛騨山系の要路である　春と夏とが一時に訪れる風趣と秋色の妍は真に佳絶であってここを訪う人は大自然の美と山気の秀霊に感懐を深くするところである
本路線は大正十二年四月県道一八三号荻町笹津停車場線として編入され難路改修の必要は年と共に加わったが工事遅々として進まず昭和十八年頃名古屋営林局並びに鐘淵合板株式会社に於て両端より林道改修の工事を進められたが鉄道駅最寄りの本路線の貫通は白川村住民の年来の悲願であった 偶昭和二十九年関西電力株式会社に於て鳩ヶ谷水力発電所工事に伴う本路線の改修を緊要とし又武藤岐阜県知事は奥地の産業開発振興を図る上に道路の改修が極めて重要なるを認め白川村に対する補償の一環として関西電力株式会社との交渉に介添えの労をとって尽力せられた　依て協議妥結し工費一億五百万円の内七千五百万円を関西電力株式会社負担三千万円を白川村負担として本県へ委託し昭和二十九年十月工事に着手し同三十一年十月工を竣った本路線の開通に関しては河合村の当局者が林道改修促進について協力せられたことが与つて大いに力があったのである

建設交渉の介添役
　岐阜県知事　　　武藤嘉門
　岐阜県元副知事　栗原民之助
　岐阜県道路課長　松久　勉

関西電力株式会社代表
　関西電力株式会社社長　太田垣士郎
　同　　　　　副社長　森　壽五郎
　同　　　　北陸支社長　八星　徳逸

白川村代表
　白　川　村　長　　東馬　武雄
　白川村議会議長　　和田弥右エ門

開通促進協力者
　河　合　村　長　　薮下菊治郎
　河合村議会議長　　吉実　菊蔵

おわりに

この天生が県立自然公園の指定を受けるまでには当時、岐阜県の自然環境課に在籍されていた藤掛雅洋さんには、それまでのご苦労と指定されてからも管理や運営方法についてご指導・ご協力いただいたことに感謝申し上げます。また、運営に関しましては天生県立自然公園協議会と共に案内人の育成に何度も河合村でご指導いただいた、当時、岐阜県森林文化アカデミーの川尻秀樹教授には、お陰で「ＮＰＯ法人　飛騨市・白川郷自然案内人協会」を設立できたこと感謝申し上げます。

藤掛　雅洋さん

川尻　秀樹さん

一方、現地では天生が県立自然公園に指定される以前から園内の歩道の草刈り作業を実施されている水上貢さん、指定されてからは園内のパトロールを実施しながら歩道整備・急な歩道の階段設置・ベンチ設置・危険な枯損木伐採などの環境保全の維持と入山者の安全のために、当時から積極的に取り組んでもらっている岩佐外里男さん、松下真知さん、砂田重訓さんには長年のご苦労に敬意を表し、今後とも後継者の育成にご指導いただけますようお願い申し上げます。

水上　貢さん

岩佐外里男さん

松下　真知さん

砂田　重訓さん

中吉（なかよし） 正治（まさはる）

1955年　河合村角川生まれ
1985年　河合村森林組合に入組
1998年　天生が県立自然公園に指定されると同時に
　　　　河合村森林組合として管理・運営に携わる
　～　　当初は河合村森林組合でパトロール業務を実施
　　　　協議会と協力してガイドツアーを実施
2020年　森林組合を退職後、高山市の建設会社に10年勤務し退職
　　　　引き続き、天生県立自然公園のガイド業務とパトロール業務に
　　　　従事

- グリーンツーリズムインストラクター
- 飛騨市・白川郷自然案内人協会　会員
- 天生県立自然公園　パトロール員

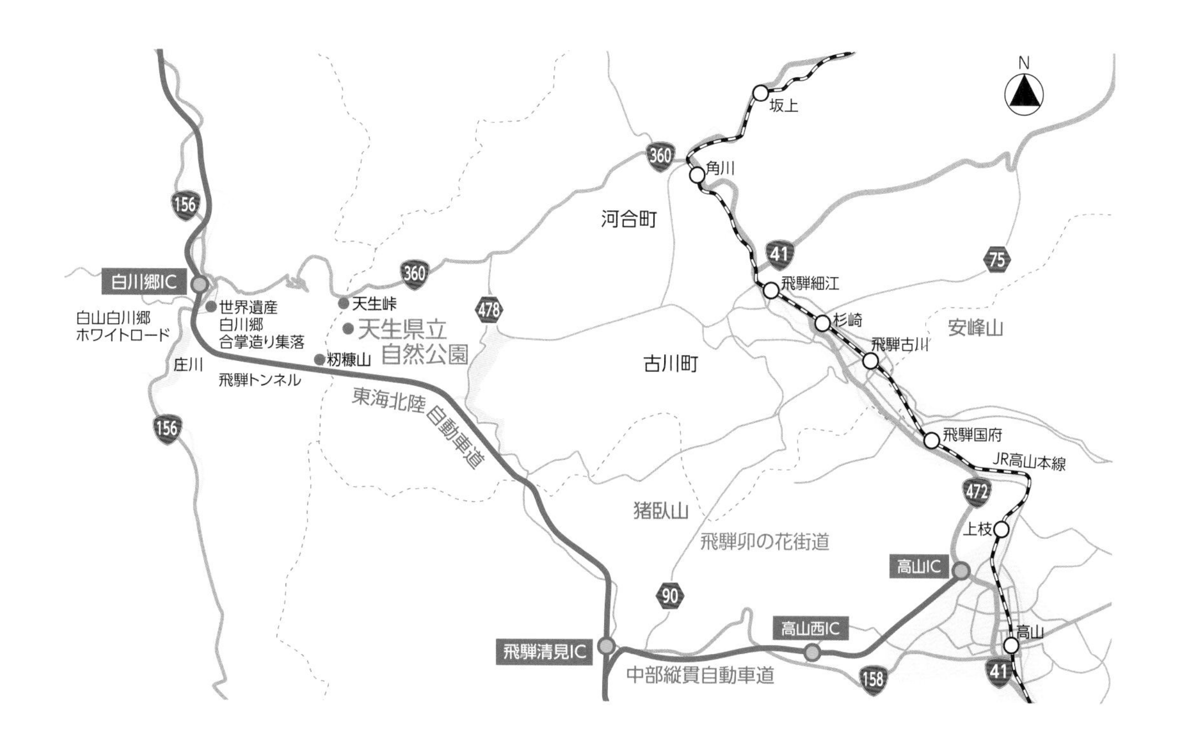

スギゴケ

北飛騨の森
天生へのいざない

発 行 日　2022年9月17日
著　　者　中吉 正治
発　　行　株式会社岐阜新聞社
編集・製作　岐阜新聞情報センター出版室
岐阜県岐阜市今沢町12
岐阜新聞社別館４階
出版室直通 058-264-1620
印　　刷　日本印刷株式会社

ISBN978-4-87797-312-4